中华人民共和国行业推荐性标准

农村公路养护技术规范

Technical Specifications for Maintenance of Rural Highway

JTG/T 5190—2019

主编单位：中公高科养护科技股份有限公司
批准部门：中华人民共和国交通运输部
实施日期：2019 年 07 月 01 日

人民交通出版社股份有限公司

图书在版编目（CIP）数据

农村公路养护技术规范：JTG/T 5190—2019 / 中公高科养护科技股份有限公司主编. — 北京：人民交通出版社股份有限公司，2019.4

ISBN 978-7-114-15430-0

Ⅰ. ①农… Ⅱ. ①中… Ⅲ. ①农村道路—公路养护—技术规范—中国 Ⅳ. ①U418-65

中国版本图书馆 CIP 数据核字（2019）第 055250 号

标准类型：**中华人民共和国行业推荐性标准**
标准名称：**农村公路养护技术规范**
标准编号：**JTG/T 5190—2019**
主编单位：中公高科养护科技股份有限公司
责任编辑：吴有铭　丁　遥
责任校对：刘　芹
责任印制：张　凯
出版发行：人民交通出版社股份有限公司
地　　址：(100011) 北京市朝阳区安定门外外馆斜街 3 号
网　　址：http://www.ccpress.com.cn
销售电话：(010) 59757973
总 经 销：人民交通出版社股份有限公司发行部
经　　销：各地新华书店
印　　刷：北京市密东印刷有限公司
开　　本：880×1230　1/16
印　　张：2.5
字　　数：57 千
版　　次：2019 年 4 月　第 1 版
印　　次：2021 年 3 月　第 4 次印刷
书　　号：ISBN 978-7-114-15430-0
定　　价：30.00 元
(有印刷、装订质量问题的图书，由本公司负责调换)

中华人民共和国交通运输部

公　告

第 13 号

交通运输部关于发布
《农村公路养护技术规范》的公告

现发布《农村公路养护技术规范》(JTG/T 5190—2019)，作为公路工程行业推荐性标准，自 2019 年 7 月 1 日起施行。

《农村公路养护技术规范》(JTG/T 5190—2019) 的管理权和解释权归交通运输部，日常解释和管理工作由主编单位中公高科养护科技股份有限公司负责。请各有关单位注意在实践中总结经验，及时将发现的问题和修改建议函告中公高科养护科技股份有限公司（地址：北京市海淀区地锦路 9 号院，邮政编码：100095）。

特此公告。

中华人民共和国交通运输部

2019 年 3 月 14 日

前　言

　　根据《交通运输部关于下达 2018 年度公路工程行业标准制修订项目计划的通知》（交公路函〔2018〕244 号）要求，中公高科养护科技股份有限公司作为主编单位承担《农村公路养护技术规范》（JTG/T 5190—2019）的制定工作。

　　我国农村公路建设成果丰硕，广大农村地区交通运输条件发生了巨大变化，农民群众安全便捷出行基本实现。为有效保护农村公路建设成果，保障农村公路持续发挥良好服务功能，必须加强农村公路养护。我国农村公路规模大、分布散，而农村地区经济社会基础和专业养护力量相对薄弱，吸收群众力量参与农村公路养护，充分发挥群众在农村公路养护中的作用，使专业化养护与群众性养护有效结合，对弥补农村公路专业化养护不足这一短板，并满足养护需求、保障养护效果有很大帮助。

　　本规范系统总结了我国农村公路养护工作经验，充分吸收了各地农村公路养护实践成果，针对农村公路养护特点，按照"分类指导"的工作方针，以规范农村公路群众性养护为主要目标，重点明确群众性养护的工作内容与要求，并结合专业化养护有关规定，经广泛征求基层意见和实践验证编制而成。

　　本规范包括 10 章和 2 个附录，分别是：1 总则、2 术语、3 基本规定、4 路基养护、5 路面养护、6 桥梁和隧道养护、7 交通工程及沿线设施养护、8 绿化养护、9 公路防灾与突发事件处置、10 养护安全作业，附录 A 日常巡查/养护记录表、附录 B 里程碑及百米桩。

　　本规范由李强负责起草第 1 章，弋晓明负责起草第 2 章和第 4 章的 4.1 节，常成利负责起草第 3 章的 3.1、3.2 节，申爱琴负责起草第 5 章的 5.1、5.2、5.3 节，牟凯负责起草第 6 章的 6.2 节，张海负责起草第 3 章的 3.3 节，宋修广负责起草第 4 章的 4.2、4.3、4.4 节，张晨负责起草第 3 章的 3.4 节，王庆负责起草第 6 章的 6.1 节和第 7 章的 7.3 节，杨屹东负责起草第 5 章的 5.4、5.5 节，王畅乐负责起草第 9 章的 9.1、9.4 节，张杰负责起草第 6 章的 6.3 节，李冰负责起草第 7 章的 7.1、7.2 节，林刘赞负责起草第 10 章的 10.1、10.2 节，王法政负责起草第 9 章的 9.2、9.3 节，方申负责起草第 4 章的 4.5、4.6 节，任启东负责起草第 10 章的 10.3、10.4 节，雷伟负责起草第 8 章的 8.1、8.2 节，王子鹏负责起草第 8 章的 8.3、8.4 节。

　　请各有关单位在执行过程中，将发现的问题和意见，函告本规范日常管理组，联系人：弋晓明（地址：北京市海淀区地锦路 9 号院，邮编：100095；电话：010-82364003，传真：010-62375021；电子邮箱：yixiaoming@ roadmaint. com），以便修订时参考。

主 编 单 位：中公高科养护科技股份有限公司
参 编 单 位：交通运输部路网监测与应急处置中心
　　　　　　　湖北省交通运输厅公路管理局
　　　　　　　吉林省公路管理局
　　　　　　　浙江省公路管理局
　　　　　　　贵州省公路局
　　　　　　　长安大学
　　　　　　　山东大学
　　　　　　　河北省交通规划设计院

主　　　　编：李　强
主要参编人员：弋晓明　常成利　杨屹东　方　申　王　庆
　　　　　　　王畅乐　申爱琴　王法政　林刘赞　张　杰
　　　　　　　任启东　李　冰　牟　凯　宋修广　张　海
　　　　　　　张　晨　雷　伟　王子鹏

主　　　　审：祖熙宇
参与审查人员：张竹彬　胡　宾　高　博　李向旺　李春风
　　　　　　　昌宏哲　徐华兴　刘建平　崔和利　陈　忠
　　　　　　　费秀华　黄国钢　梁江苏　刘宪军　肖　飞
　　　　　　　张俊生　冉　旭　唐　刚
参 加 人 员：张建孔　王　博　张宏博　李　鹏　詹大德
　　　　　　　李丽苹　吕厚全　王浩仰

目　次

1　总则

1.0.1　为加强农村公路养护工作，提高群众参与农村公路养护的水平，保障农村公路养护质量，制定本规范。

1.0.2　本规范适用于农村公路的养护工作。

1.0.3　农村公路养护应遵循因地制宜、经济适用、保护环境、节约资源的原则。

1.0.4　宜采用新技术、新材料、新工艺、新设备，提升农村公路养护专业化、规范化、信息化和机械化水平。

条文说明

推动农村公路养护信息化，是指采用现代信息技术手段，逐步建立完善农村公路养护管理信息系统，利用系统收集分析养护数据，为养护决策提供依据。

推动农村公路养护机械化，是指加强农村公路养护机械设备配置，增强作业人员机械化操作能力，以提升农村公路养护工作效率和质量。

1.0.5　农村公路采用群众性养护的应符合本规范规定；采用专业化养护的，除应符合本规范的规定外，尚应符合国家和行业现行有关标准的规定。

条文说明

我国幅员辽阔，不同区域自然地理环境和经济社会发展水平差异较大，各地需结合实际采用群众性养护或专业化养护模式开展农村公路养护工作，充分发挥地区优势，保障养护效果。

2 术语

2.0.1 农村公路 rural highway

纳入农村公路规划，按照公路工程相关技术标准修建的县道、乡道、村道及其所属设施。

条文说明

根据《农村公路养护管理办法》（交通运输部令2015年第22号）和《农村公路建设管理办法》（交通运输部令2018年第4号），农村公路是指纳入农村公路规划，并按照公路工程技术标准修建的县道、乡道、村道及其附属设施，包括经省级交通运输主管部门认定并纳入统计年报里程的农村公路。考虑到目前纳入规划的农村公路均已纳入统计年报里程，因此在农村公路的定义中，删去了"经省级交通运输主管部门认定并纳入统计年报里程"的要求。

2.0.2 县道 county road

除国道、省道以外的县际间公路以及连接县级人民政府所在地与乡级人民政府所在地和主要商品生产、集散地的公路。

2.0.3 乡道 township road

除县道及县道以上等级公路以外的乡际间公路以及连接乡级人民政府所在地与建制村的公路。

2.0.4 村道 village road

除乡道及乡道以上等级公路以外的连接建制村与建制村、建制村与自然村、建制村与外部的公路，但不包括村内街巷和农田间的机耕道。

2.0.5 专业化养护 professional maintenance

专业队伍利用专业的机械设备实施的农村公路养护工作。

2.0.6 群众性养护 non-professional maintenance

非专业队伍利用简易工具实施的农村公路养护工作。

2.0.7 农村公路预防养护　preventive maintenance of rural highway

农村公路整体性能良好但有轻微病害，为延缓性能过快衰减而采取的主动防护工程。

2.0.8 农村公路修复养护　repair of rural highway

农村公路出现病害或部分丧失使用功能，为恢复技术状况而进行的功能性、结构性修复或定期更换工程。

2.0.9 农村公路应急养护　emergency maintenance of rural highway

在突发情况下造成农村公路损毁、中断、产生重大安全隐患等，为较快恢复农村公路安全通行能力而实施的应急性抢通、保通。

3 基本规定

3.1 总体要求

3.1.1 农村公路养护按作业性质可分为日常养护和养护工程。农村公路日常养护包括日常巡查、日常保养和小修。农村公路养护工程包括预防养护工程、修复养护工程和应急养护工程。

条文说明

日常巡查是为及时发现农村公路及其所属设施损坏、污染及其他影响正常通行的情况，开展的日常检查、查看工作。日常保养是对农村公路及其所属设施经常进行清洁、整理等维护保养的作业。小修是对农村公路及其所属设施的轻微损坏进行的修补。养护工程是对影响农村公路及其所属设施正常使用的功能性和结构性病害进行的修复。

3.1.2 农村公路日常巡查及日常保养工作宜以群众性养护为主，具备条件的，也可采用专业化养护。小修宜以专业化养护为主，不具备条件的，也可采用群众性养护。养护工程应实行专业化养护。

3.1.3 农村公路养护应达到路面整洁、路基稳定、桥隧安全、排水畅通、设施完好等要求。

3.1.4 农村公路养护工作应公开养护路线名称及里程、养护单位、养护责任人及联系方式、监督管理单位及联系方式等信息。

3.2 日常养护

3.2.1 应开展农村公路日常巡查工作，并与日常保养工作同时进行。对特殊路段，应适当加大巡查频率。巡查发现的问题应进行处理，并做好记录，记录表参见本规范附录 A。日常保养人员无法处理的，应进行上报。

条文说明

巡查记录分为纸质记录和电子记录两种形式。当前全国部分地区已经在农村公路的日常巡查中采用手机、专用手持设备等对巡查内容进行记录。

3.2.2 巡查中发现重度病害、突发性事件、灾情、险情等，应及时报告；当影响通行安全时，应采取相应措施，对行人及车辆进行提示、警示。

3.2.3 采用群众性养护实施农村公路小修的，应对相关人员进行岗前教育。

条文说明

岗前教育的主要目的，一方面是指导养护作业人员按要求完成养护作业，另一方面是提高养护作业人员的安全风险意识，保障作业安全。

3.3 养护工程

3.3.1 应根据农村公路技术状况评定结果，安排预防养护、修复养护等养护工程。

3.3.2 养护工程应组织进行质量检测。

3.4 技术状况评定

3.4.1 农村公路技术状况评定分为现场技术状况评定和养护管理信息系统数据分析。

条文说明

农村公路路面、路基、交通工程及沿线设施的技术状况评定参照现行《公路技术状况评定标准》（JTG 5210）的相关要求执行。桥梁的技术状况评定参照现行《公路桥梁技术状况评定标准》（JTG/T H21）执行。隧道的技术状况评定参照现行《公路隧道养护技术规范》（JTG H12）执行。

3.4.2 现场技术状况评定应参照国家和行业相关标准执行。

3.4.3 应定期组织开展现场技术状况评定，县道评定频率每年应不少于一次，乡道和村道在五年规划期内应不少于两次。路面技术状况评定宜采用自动化快速检测装备。有条件的地区在五年规划期内，县道评定频率应不低于两次，乡道、村道应不低于一次。

3.4.4 应建立农村公路养护管理信息系统。农村公路的日常养护、养护工程及现场技术状况评定的相关信息数据，应纳入农村公路养护管理信息系统进行分析。应加强农村公路养护管理系统的运营维护，保障系统正常使用。

3.4.5 农村公路技术状况评定结果可作为制订养护计划的依据：

1 评定结果为优、良的，可加强日常养护。

2 评定结果为中的，宜实施预防养护或修复养护。

3 评定结果为次、差的，应实施修复养护。

4 路基养护

4.1 一般规定

4.1.1 农村公路路基养护包括路肩、边坡、排水设施、防护及支挡结构和涵洞的养护。

4.1.2 农村公路路基养护应符合下列规定：
1 路基应完好稳定。
2 路肩应与路面衔接平顺，横坡适度、边缘顺适、表面平整。
3 边坡应保持坡面平顺，无冲沟。
4 排水设施应无堵塞、无损坏，排水畅通。
5 挡土墙等附属设施应保持完好，无损坏。

4.1.3 应加强路基日常巡查，对发现的问题进行记录、处理，使路基保持良好技术状况水平。

4.1.4 雨季、汛期应加大路基日常巡查频率，查看路基是否出现沉陷、裂缝、滑移等情况，并进行报告。

4.1.5 发现影响交通安全的，应设置临时性提示、警示设施。

4.2 路肩

4.2.1 路肩日常巡查包括查看路肩是否存在缺损，是否存在杂物，与路面衔接是否平顺等内容。

4.2.2 路肩日常保养包括清理路肩杂物，修剪草皮和修整路肩等内容。应通过日常保养保持路肩整洁。

4.2.3 路肩上除堆料台外，严禁堆放垃圾、碎石、杂物等，发现时应及时清理。严禁在桥头引道、弯道内侧和陡坡等处设置堆料台。

条文说明

日常保养中，路面上的垃圾、杂物等清扫至路肩后，要求集中清运。

4.2.4 路肩小修包括调整横坡，处理缺口、坑洞、沉陷、隆起等病害。应通过小修保持路肩平整，与路面衔接平顺。

4.2.5 修复路肩时不得从边坡的坡面及坡脚处挖坑取土。

4.2.6 硬路肩出现裂缝、坑槽、脱空等病害时，可按相同类型路面病害的处治方法进行修复。

4.3 边坡

4.3.1 边坡日常巡查包括查看坡面是否存在冲刷，坡体是否出现松动、剥落、滑移和坍塌等内容。

4.3.2 边坡日常保养包括修整坡面植物，清理坡面杂物，清理坡脚及碎落台的堆积杂物等内容。应通过日常保养保持边坡坡面整洁。

4.3.3 边坡小修包括清理零星塌方，填补坡面冲沟，处理坡脚冲刷、缺损等内容。应通过小修保持坡面顺适坚实，坡脚稳固。

4.3.4 边坡预防养护包括完善防护网、生态植被等坡面防护设施等内容。应通过预防养护保持边坡稳定，质量要求应符合现行《公路路基施工技术规范》（JTG F10）的有关规定。

4.3.5 边坡修复养护包括采用预应力锚索（杆）加固边坡，完善挡土墙，修复和完善河道防护等内容。应通过修复养护保持边坡稳固，质量要求应符合现行《公路路基施工技术规范》（JTG F10）的有关规定。

4.4 排水设施

4.4.1 排水设施日常巡查包括查看排水设施是否通畅，是否存在破损等内容。应加强对暗沟、渗沟等隐蔽性排水设施的检查。

4.4.2 排水设施日常保养包括清理疏通边沟、排水沟、截水沟、急流槽、拦水带、跌水井等，清除排水设施内的杂草、垃圾、淤泥等内容。应通过日常保养保持排水通畅。

4.4.3 排水设施小修包括维修边沟的沟壁损坏、沟底冲刷、铺砌缺损、盖板断裂等内容。应通过小修保持排水设施完好。

4.4.4 排水设施预防养护包括增设和完善边沟、排水沟、截水沟、拦水带、急流槽等内容。应通过预防养护保持路基排水顺畅，质量要求应符合现行《公路路基施工技术规范》（JTG F10）的有关规定。

4.4.5 排水设施修复养护包括修复边沟、排水沟、截水沟、拦水带、急流槽等内容。应通过修复养护保持公路排水设施完整、排水功能良好，质量要求应符合现行《公路路基施工技术规范》（JTG F10）的有关规定。

4.5 防护及支挡结构

4.5.1 防护及支挡结构日常巡查包括查看圬工是否存在局部破损，勾缝是否脱落，泄水孔是否淤塞，防护及支挡结构是否存在倾斜、滑移、下沉、变形，基础是否存在冲刷等内容。

4.5.2 防护及支挡结构日常保养包括清理沉降缝和伸缩缝内的杂物，疏通泄水孔，清理防护及支挡结构物顶部的杂物、碎石等内容。应通过日常保养保持防护及支挡结构排水顺畅，表面整洁。

4.5.3 防护及支挡结构小修包括修复表面破损、基础冲刷，勾缝，抹面等内容。应通过小修保持防护及支挡结构表面完好，基础牢固。

条文说明

防护及支挡结构的表面破损，包括圬工体、水泥混凝土的松动、散落，石笼铁丝的锈蚀断裂等。

4.5.4 防护及支挡结构修复养护包括修复和加固挡土墙、护坡等内容。应通过修复养护保持防护及支挡结构完好、稳定，质量要求应符合现行《公路路基施工技术规范》（JTG F10）的有关规定。

4.6 涵洞

4.6.1 涵洞日常巡查包括查看圬工（砌体）有无开裂，洞内有无淤塞，进水口是否堵塞，翼墙是否完整，洞口铺砌有无冲刷、脱落等内容。

4.6.2 涵洞日常保养包括清洁洞口杂物，清除洞内的堆积物、淤积物、漂浮物等内容。应通过日常保养保持涵洞畅通。

4.6.3 涵洞小修包括修补涵底铺砌、洞口上下游路基护坡、进水口沉沙井、出水口跌水构造等内容。应通过小修保持涵洞完整。

4.6.4 涵洞修复养护包括采用钢筋混凝土、混凝土预制块衬砌等形式对涵洞进行加固。应通过修复养护保持涵洞结构完好，质量要求应符合现行《公路桥涵养护规范》（JTG H11）的有关规定。

5 路面养护

5.1 一般规定

5.1.1 应加强路面的日常养护，及时修复病害。

5.1.2 农村公路路面养护应符合下列规定：
1 应保持路面清洁、完好。
2 沥青路面应平整，水泥混凝土路面应表面平顺，砂石路面应平整坚实、排水良好，砌块路面应无缺损。
3 路缘石应整齐顺适。

5.1.3 路面养护应重视排水，及时修补路面的裂缝、坑洞等，防止地表水下渗。路面应保持横坡适度。

5.1.4 路面日常巡查包括查看路面病害类型、严重程度及规模，路面是否存在有碍通行安全的障碍物，路缘石是否缺损、倾斜等内容。发现问题时，应进行记录、处理。

5.1.5 路面日常保养包括清理路面上的积土、积沙、泥污、积雪、积冰等内容。应通过日常保养保持路面整洁。

条文说明

在保养过程中要注意路面上的石块、坚硬物等，尤其是砂石路面。

5.2 沥青路面

5.2.1 沥青路面小修包括处治路面的裂缝、坑槽、车辙、沉陷、波浪、拥包、松散、翻浆和泛油等病害。应通过小修保持路面平整、完好。

5.2.2 裂缝的处治应符合下列规定：
1 裂缝宽度不大于 6mm 时，可直接灌入热沥青，填入干净石屑或粗砂，并捣实。

有条件的路段可用贴缝带修补。

2 裂缝宽度大于6mm时，用热拌沥青混合料填入缝中，并捣实。有条件的路段可采用专用灌缝设备和高性能的路面灌缝胶开槽灌缝。灌缝应密实，边缘整齐，表面光洁。

5.2.3 修补坑槽时宜按"圆洞方补、斜洞正补"的原则，划出所需修补坑槽的轮廓线，并沿所划轮廓线开凿至坑底稳定部分，清除槽底、侧壁的松动部分后涂刷黏层沥青，填入沥青混合料压实，应与原路面结合紧密、密实，无凸起、凹陷。基层损坏时，应先对基层进行处理，其施工应符合现行《公路沥青路面施工技术规范》（JTG F40）的有关规定。

条文说明

轮廓线是与路中线平行或垂直的正方形或长方形，一般沿坑槽四周向外扩大100～150mm的方形范围。

5.2.4 修补车辙时应将凸出部分削除，在凹陷部分喷洒黏层沥青，填补沥青混合料并找平、压实，保持路面平整。

5.2.5 沉陷的修补应符合下列规定：

1 路面出现深度不大于2.5cm的局部下沉时，可在沉陷部分喷洒黏层沥青，填补沥青混合料，找平并压实。

2 路面出现深度大于2.5cm的较大面积下沉时，应将下沉部分开挖至稳定结构层，按原路面结构重新填筑，无凸起、凹陷。

5.2.6 波浪、拥包的修补应符合下列规定：

1 当路面仅有轻微波浪、拥包时，可在波谷部分喷洒黏层沥青，并匀撒适当粒径的矿料，找平后压实。

2 当波浪、拥包起伏较大时，应顺行车方向将凸出部分削平，并低于路表面约10mm，喷洒黏层沥青，并匀撒一层粒径不大于10mm的矿料，找平后压实。

5.2.7 修补松散时，应先将路面松动矿料清除，喷洒沥青后，再匀撒石屑或粗砂，并找平压实。

5.2.8 沥青路面出现翻浆时，应将翻浆部分挖除，对路基、基层进行处理后，分层填补沥青混合料，并找平压实，应与原路面保持平整，填补密实。

5.2.9 泛油的修补应符合下列规定：

1 对轻微泛油路段，可匀撒石屑或粗砂，并找平压实。

2 对严重泛油路段，可先匀撒碎石，压实后，再匀撒石屑或粗砂，并找平压实。

3 过多的浮动石料应扫出路面或回收。

5.2.10 沥青路面预防养护包括采用稀浆封层、碎石封层、微表处、纤维封层等技术对路面病害进行处理。应通过预防养护保持沥青路面完好，质量要求应符合现行《公路沥青路面养护技术规范》（JTJ 073.2）的有关规定。

5.2.11 沥青路面修复养护包括铣刨、挖除、加铺基层和面层等内容。应通过修复养护保持沥青路面结构完好，质量要求应符合现行《公路沥青路面养护技术规范》（JTJ 073.2）的有关规定。

5.3 水泥混凝土路面

5.3.1 水泥混凝土路面小修包括处治路面的接缝料损坏、裂缝、坑洞、板角破碎、拱起等病害。应通过小修保持水泥混凝土路面完好、坚实。

5.3.2 水泥混凝土路面的接缝养护与修补应符合下列规定：

1 应及时清除嵌入接缝内的砂石及其他坚硬杂物。

2 当填缝料出现脱落、老化时，应及时进行更换。

3 填缝料应饱满、密实，表面连续平整，黏结牢固。填缝料灌注的高度在夏天宜与路面持平，冬天宜稍低于路面。

4 填缝料应选用黏结力强、弹性好、不渗水、经济耐用、施工方便的材料。

条文说明

水泥路面填缝材料分为加热施工式填缝料和常温施工式填缝料。其中，加热施工式填缝料包括聚氯乙烯胶泥、橡胶沥青等，常温施工式填缝料包括聚氨酯焦油、灌缝胶等。

5.3.3 裂缝的养护与修补应符合下列规定：

1 当裂缝宽度小于3mm时，边缘无碎裂现象，可直接灌注热沥青或填缝料等。

2 当裂缝宽度不小于3mm时，应先清除缝隙中的泥土、杂物，填入粒径3～6mm的清洁石屑，再灌入热沥青或填缝料。

5.3.4 坑洞的修补应符合下列规定：

1 对较浅的坑洞，应清除洞内的杂物，用水泥砂浆或细石混凝土填实，保持表面平整。

2　对较大面积的坑洞，应沿修补区在平行和垂直于路中心线方向划出轮廓线，并凿除修补轮廓线内的混凝土，清除杂物和混凝土碎屑，用适量的水润湿，涂刷水泥浆，用水泥混凝土填补压平，达到平整、密实。

5.3.5　当水泥混凝土路面出现轻微板边、板角碎裂时，可用沥青混合料或接缝材料修补平整；严重的板边、板角碎裂，可采取部分或全部凿除后修补。

5.3.6　拱起的修补应符合下列规定：

1　板端拱起但路面完好时，应先切开拱起端，将板块恢复原位，在缝隙和其他接缝内进行清缝，并灌填缝料。填缝材料应密实、饱满。

2　板端发生破损或断裂时，应切割、凿除断裂或损坏部分，用水泥混凝土或冷补料等材料修补，应与原路面保持平整。

5.3.7　水泥混凝土路面预防养护包括板底灌（注）浆、更换填缝料等内容。应通过预防养护保持水泥混凝土路面完好，质量要求应符合现行《公路水泥混凝土路面养护技术规范》（JTJ 073.1）的有关规定。

5.3.8　水泥混凝土路面修复养护包括破碎和修复旧路面，挖除和加铺基层、面层等内容。应通过修复养护保持水泥混凝土路面结构稳定、完好，质量要求应符合现行《公路水泥混凝土路面养护技术规范》（JTJ 073.1）的有关规定。

5.4　砂石路面

5.4.1　砂石路面养护应做好砂石材料的储备。备料严禁随意堆放，应堆放至堆料台。

5.4.2　砂石路面小修包括修复路面车辙、坑槽、松散等病害，维护保护层、磨耗层等内容。应通过小修保持砂石路面平整、坚实。

5.4.3　松散保护层应加强经常性的添砂、扫砂和匀砂工作。稳定保护层可采用洒水法、加浆法等进行养护。

5.4.4　磨耗层发生高低不平时，应铲除凸出部分，并用同样的润湿混合料补平低凹部分，碾压密实。

5.4.5　砂石路面坑槽和车辙修补应符合下列规定：

1　当坑槽和车辙深度小于3cm时，应先将坑槽和车辙内及其周围的尘土杂物清除，洒水润湿，再用与原路面相同的材料填补并碾压密实。

2 当坑槽和车辙深度不小于 3cm 时，应按"圆洞方补"的原则，沿修补区划出轮廓线，沿轮廓线垂直挖槽，挖槽深度应不小于坑槽和车辙最大深度，填入与原路面相同的材料后碾压密实。

5.4.6 砂石路面出现松散时，应将保护层和松动的材料扫集堆起后，整平路面表层，洒水润湿，把扫集的材料筛分后加入新的材料进行摊铺压实。

5.4.7 砂石路面修复养护包括铺筑磨耗层、保护层，加厚路面等内容。应通过修复养护保持砂石路面结构稳定、坚实，质量要求应符合现行《公路养护技术规范》（JTG H10）的有关规定。

5.5 块石路面

5.5.1 块石路面小修包括修复接缝，处治错台、沉陷、隆起等内容。

5.5.2 块石路面的接缝修复应符合下列规定：

1 用水泥砂浆灌缝的填缝料发生破碎时，应及时剔除后重新灌注。砌块周边应干净无浮尘，坐浆饱满、密实，待砂浆达到一定强度后再开放通车。

2 用砂、砂砾、煤渣等松散料填缝时，应及时将飞散的填缝料扫回捣实或适当填补，使砌块间的缝隙经常充满填缝料，防止砌块松动。

5.5.3 个别块石发生错台、沉陷、隆起、破损时，应将块石取出，整理垫层，夯捣坚实，将重铺块石埋放于垫层上，高出原砌块 1～3cm，撒填缝料，并加以压实，使新块石与旧路面平整。

5.5.4 发生较大面积的错台、沉陷、隆起时，应将块石挖出，并按尺寸分类、清洗，破损的应更换。污染的垫层应挖除更换，将块石埋放于垫层上，高出原路面 1～3cm，撒填缝料，并加以压实，使新块石与旧路面平整。

5.5.5 块石路面修复养护包括重铺、加铺路面等内容。应通过修复养护保持块石路面状况良好、结构稳定，质量要求应符合现行《公路养护技术规范》（JTG H10）的有关规定。

6 桥梁和隧道养护

6.1 一般规定

6.1.1 农村公路的桥梁和隧道，应按相关标准规范要求开展经常性检查、定期检查和专项检查等工作。

6.1.2 农村公路桥梁和隧道的小修、预防养护和修复养护应采用专业化养护。

6.1.3 应加强对4类和5类桥梁和隧道的监管，4类桥梁和隧道应设置安全警示标志及限速限载标志等，5类桥梁和隧道应封闭交通。

6.1.4 漫水桥和过水路面路段的交通安全标志应齐全、完好。

6.2 桥梁

6.2.1 桥梁养护应符合下列规定：
1 桥梁外观整洁，无杂物。
2 桥面铺装坚实平整、横坡适度。
3 桥梁排水、伸缩缝、支座、护墙、栏杆、标线等设施齐全、功能良好。
4 基础无冲刷、淘空。

6.2.2 桥梁日常巡查包括查看桥面是否破损、是否整洁，桥梁栏杆、人行道等设施是否完好，泄水孔是否通畅，伸缩缝是否完好，桥下过水是否通畅。

6.2.3 桥梁日常保养包括清洁桥面，疏通泄水孔，清理伸缩缝杂物，清理桥下堆积物及垃圾等内容。应通过日常保养保持桥面整洁，排水顺畅。

6.2.4 严禁在桥面上堆放杂物或占位晒场。遇冰雪等天气时，应清除积雪，防止桥面结冰。

条文说明

采用撒盐或融雪剂等方法清除桥面积雪时，需避免使用氯盐对桥面造成侵蚀。

6.2.5 桥梁小修包括处治桥面裂缝、坑槽等病害，修理伸缩缝、泄水孔，修补栏杆、人行道、灯柱等，修复墩台基础、锥坡、翼墙等砌石圬工的松动和破损等内容。应通过小修保持桥梁完好，质量要求应符合现行《公路桥涵养护规范》（JTG H11）的有关规定。

6.2.6 桥梁预防养护包括集中维护伸缩装置，维修和更换支座等内容。应通过预防养护保持伸缩装置和支座的功能正常，质量要求应符合现行《公路桥涵养护规范》（JTG H11）的有关规定。

6.2.7 桥梁修复养护包括修复桥面铺装、桥头搭板、枕梁，加固桥体、墩台基础等内容。应通过修复养护保持桥梁结构稳定、状况良好，质量要求应符合现行《公路桥涵养护规范》（JTG H11）的有关规定。

6.3 隧道

6.3.1 隧道养护应符合下列规定：
1 隧道外观应整洁，隧道内路面应平整，衬砌应完整且无明显开裂和剥落。
2 隧道内标志标线应清晰醒目，反光设施应完好，排水系统应良好。
3 洞口、洞身应无松动岩石和危石。

6.3.2 隧道日常巡查包括查看洞内路面是否清洁，洞口砌体、圬工是否出现脱落、松动或破损，洞内标志是否清晰、完好，排水设施是否通畅，通风、照明和反光设施是否正常使用，灭火器是否缺失等内容。

6.3.3 隧道日常保养包括清理洞口积雪（冰）、落石等，清理路面积水、杂物等，疏通洞内排水设施，清洁、扶正、紧固洞内反光设施（标志）等内容。应通过日常保养保持隧道内整洁，排水顺畅。

6.3.4 隧道小修包括维修洞口砌石松动和破损，处治隧道路面裂缝、坑槽等，修复洞门、洞身、衬砌、顶板、侧墙等结构的轻微病害，局部修复隧道内反光设施（标志）等内容。应通过小修保持隧道完好，质量要求应符合现行《公路隧道养护技术规范》（JTG H12）的有关规定。

6.3.5 隧道修复养护包括修理遮光棚（板），处理碎裂、松动岩石和危石，修补和更换衬砌，维修横洞，处理渗漏水，维修排水设施等内容。应通过修复养护保持隧道结构稳定、功能完好，质量要求应符合现行《公路隧道养护技术规范》（JTG H12）的有关规定。

7 交通工程及沿线设施养护

7.1 一般规定

7.1.1 农村公路的交通安全设施和限高限宽设施应保持清洁、完好。

7.1.2 停车点、服务站、停靠站、候车亭等沿线设施应保持环境整洁、设施完好。

7.1.3 县道应设置里程碑和百米桩。乡道、村道宜设置里程碑,可设置百米桩。里程碑及百米桩的设置参见本规范附录 B。

7.1.4 交通安全设施的小修、预防养护和修复养护应采用专业化养护。

7.2 交通安全设施

7.2.1 交通安全设施日常巡查包括查看是否存在遮挡、污染、松动、损坏、缺失等内容。

7.2.2 交通安全设施日常保养包括交通标志的清洁、紧固及遮挡物的清理,护栏、警示墩(桩)的清洁,减速设施的紧固,里程碑、百米桩、界碑等设施的清洁,防眩板的清洁、紧固,限高限宽设施的清洁等内容。应通过日常保养保持交通安全设施的整洁。

7.2.3 交通安全设施小修包括交通标线的局部修复维护,护栏、警示墩(桩)的刷漆,里程碑、百米桩的描字,交通安全设施的遮挡处理等内容。应通过小修保持交通安全设施完好,质量要求应符合现行《公路养护技术规范》(JTG H10)的有关规定。

7.2.4 交通安全设施修复养护包括交通标志的更换、护栏的维修、标线的补划,限高限宽设施的维修和更换等内容。应通过修复养护保持交通安全设施和限高限宽设施完好,质量要求应符合现行《公路交通标志和标线设置规范》(JTG D82)和《公路安全生命防护工程实施技术指南(试行)》的有关规定。

7.3　沿线设施

7.3.1　应加强对沿线设施的清扫和维护，清理疏通排水设施，保持场内环境整洁卫生、设施完好。

8 绿化养护

8.1 一般规定

8.1.1 应保持绿化植物生长良好，无缺失，无死株。应无遮挡标志标牌、侵入建筑限界等情况。

8.1.2 绿化的日常巡查包括查看植物生长情况，以及是否遮挡标志标牌等内容。

8.1.3 绿化的日常养护包括行道树的刷白，以及绿化植物的浇水、修剪、施肥和虫害防治等内容。

8.1.4 绿化的修复养护包括植物的补植、更换，以及公路景观提升工程等内容。质量要求应符合现行《公路养护技术规范》（JTG H10）的有关规定。

8.2 浇水

8.2.1 应根据植物缺水情况进行浇水。

8.2.2 浇水时应注意保护植物根部土壤不被冲刷。

8.3 修剪

8.3.1 应对遮挡标志标牌、影响行车视线、影响路旁线缆，以及侵入建筑限界的树木进行修剪。

8.3.2 路肩草皮宜定期修剪，控制草高，避免影响路面排水。

8.3.3 修剪后的草屑、病枝，以及杂物或者枯枝烂叶等，应及时清理，集中处理，避免影响植被生长。

8.4 虫害防治

8.4.1 应加强绿化植物的虫害防治工作，每年秋季或春季，宜在乔木树干上距地面不低于 1m 的范围内刷白。

8.4.2 病虫害的药物防治应根据不同的树种、病虫害种类和环境条件，选择农药种类、剂型、浓度和使用方法，减少对环境的污染。

9 公路防灾与突发事件处置

9.1 一般规定

9.1.1 灾害与突发事件发生后，应按相关应急预案和管理规定采取措施处置。

9.1.2 群众性养护作业人员参与公路灾害与突发事件处置时，应符合下列规定：
1 加强巡查，发现影响安全通行的各类险情或事故应立即上报。
2 应对通过险情或事故路段的车辆和人员，进行提示、警示、劝阻。
3 清除路面积水、积雪（冰）以及其他影响通行的障碍物等。
4 配合开展突发事件处置，清理现场，协助引导交通等。

9.1.3 应做好防汛、除冰、除雪等应急物资的储备工作。

9.2 水灾

9.2.1 雨季和洪水来临之前，农村公路养护应符合下列规定：
1 应清理疏通排水设施，修补其缺损部分。
2 对已产生冲刷、脱空等病害，未及时处理的路段，应做好水流引导措施，防止二次冲刷。

9.2.2 对因受灾害影响导致路面坍塌、边坡损坏、植被倒伏等影响车辆通行的，应进行记录、处理。影响通行安全或丧失服务功能的，应立即上报，并设置清晰、醒目的警示物。

9.2.3 汛期抗洪能力不足的桥梁、涵洞，应派专人负责值守观察，设置绕行或警示标志，发现险情及时上报。

9.3 冰雪灾害

9.3.1 宜采用以机械为主的方式清除路面积雪，应重点做好急弯陡坡、交叉路口、桥梁、临水临崖等路段的除冰、除雪工作。

9.3.2 当路面结冰或积雪时，应在本规范第 9.3.1 条中明确的重点路段撒防滑料或融雪剂。

9.4 突发事件

9.4.1 农村公路发生地质灾害、交通事故等突发事件时，养护作业人员发现后应进行上报，并设置提示、警示设施。

9.4.2 道路阻断或存在通行安全风险时，应对来往车辆、行人进行劝阻。

10 养护安全作业

10.1 一般规定

10.1.1 农村公路养护作业应按现行《公路养护安全作业规程》（JTG H30）的规定执行。

10.1.2 群众性养护作业人员参与养护作业工作前应接受安全教育。特殊路段和特殊气象条件下的养护作业工作前，必须接受安全教育。

10.1.3 农村公路养护作业人员进行养护作业时应穿戴有反光标志的工作服装。

10.2 特殊路段安全作业

10.2.1 易发生地质灾害的傍山路段养护作业应提前制订逃避险方案，发生险情时应立即撤离。作业时应设置观察员，且养护作业人员必须佩戴安全帽。

10.2.2 在高路堤、临水临崖路段以及桥梁上进行养护作业时，应设置必要的防护设施，防止坠落。

10.2.3 视距不良的陡坡弯道养护作业时，应放置锥形筒。

10.2.4 桥梁、隧道养护作业现场，应放置相关交通标志。在隧道内进行养护作业时，应增设照明装置。

10.2.5 交叉路口路段养护作业应放置导向标志，并派专人巡视路口车辆，做好车辆引导工作。

10.3 特殊气象条件安全作业

10.3.1 台风、大雾、沙尘暴及雷电天气条件下严禁上路作业。

10.3.2 冰冻季节养护作业时，应采取保温防寒等措施。

10.3.3 高温季节养护作业时，应采取防暑降温措施；可适当调整养护作业时间，避开高温时段。

10.3.4 多雨季节养护作业时，应加强防水、防触电、防滑等措施。

10.4 特殊时段安全作业

10.4.1 夜间作业时，应采取安全防护措施，增加照明设施，并在养护作业工作区外放置反光标志。

附录 A 日常巡查/养护记录表

表 A 日常巡查/养护记录表

路线（桩号区间）：			日期：	天气：		记录人：	
类型			病害及处理结果				
路基	路肩	土路肩 □ 硬路肩 □ 草皮路肩□ 其他_____	杂物堆积	□___处	已处理___处	未处理□	上报□
			缺损	□___处	已处理___处	未处理□	上报□
			裂缝	□___处	已处理___处	未处理□	上报□
			坑洞	□___处	已处理___处	未处理□	上报□
			其他_____	□___处	已处理___处	未处理□	上报□
	边坡		坡面冲刷	□___处	已处理___处	未处理□	上报□
			坡体松动	□___处	已处理___处	未处理□	上报□
			坡体剥落	□___处	已处理___处	未处理□	上报□
			坡体滑移	□___处	已处理___处	未处理□	上报□
			坡体坍塌	□___处	已处理___处	未处理□	上报□
			其他_____	□___处	已处理___处	未处理□	上报□
	排水设施	排水沟 □ 边沟 □ 急流槽 □ 拦水带 □ 其他_____	沟壁损坏	□___处	已处理___处	未处理□	上报□
			沟底冲刷	□___处	已处理___处	未处理□	上报□
			盖板断裂	□___处	已处理___处	未处理□	上报□
			淤塞	□___处	已处理___处	未处理□	上报□
			其他_____	□___处	已处理___处	未处理□	上报□
	防护及支挡结构		勾缝脱落	□___处	已处理___处	未处理□	上报□
			结构体破损	□___处	已处理___处	未处理□	上报□
			结构体开裂	□___处	已处理___处	未处理□	上报□
			泄水孔淤塞	□___处	已处理___处	未处理□	上报□
			结构体倾斜滑移	□___处	已处理___处	未处理□	上报□
			结构体下沉变形	□___处	已处理___处	未处理□	上报□
			其他_____	□___处	已处理___处	未处理□	上报□
	涵洞		淤塞	□___处	已处理___处	未处理□	上报□
			结构体开裂	□___处	已处理___处	未处理□	上报□
			铺砌冲刷脱落	□___处	已处理___处	未处理□	上报□
			其他_____	□___处	已处理___处	未处理□	上报□

续表 A

路线（桩号区间）：		日期：	天气：	记录人：		

类型		病害及处理结果				
路面	沥青路面 □ 水泥混凝土路面 □ 砂石路面 □ 块石路面 □	路面不洁____	□___处	已处理___处	未处理□	上报□
		坑槽	□___处	已处理___处	未处理□	上报□
		裂缝	□___处	已处理___处	未处理□	上报□
		沉陷	□___处	已处理___处	未处理□	上报□
		波浪、拥包	□___处	已处理___处	未处理□	上报□
		泛油	□___处	已处理___处	未处理□	上报□
		松散	□___处	已处理___处	未处理□	上报□
		翻浆	□___处	已处理___处	未处理□	上报□
		车辙	□___处	已处理___处	未处理□	上报□
		坑洞	□___处	已处理___处	未处理□	上报□
		板角破损	□___处	已处理___处	未处理□	上报□
		拱起	□___处	已处理___处	未处理□	上报□
		错台	□___处	已处理___处	未处理□	上报□
		接缝料损坏	□___处	已处理___处	未处理□	上报□
		其他_____	□___处	已处理___处	未处理□	上报□
	路缘石	倾斜	□___处	已处理___处	未处理□	上报□
		缺损	□___处	已处理___处	未处理□	上报□
		其他	□___处	已处理___处	未处理□	上报□
桥梁	名称_____ 位置_____	伸缩缝堵塞、损坏	□___处	已处理___处	未处理□	上报□
		泄水孔堵塞、损坏	□___处	已处理___处	未处理□	上报□
		栏杆损坏、缺失	□___处	已处理___处	未处理□	上报□
		桥面破损	□___处	已处理___处	未处理□	上报□
		河道淤塞	□___处	已处理___处	未处理□	上报□
		其他_____	□___处	已处理___处	未处理□	上报□
隧道	名称_____ 位置_____	洞口滑塌、落岩	□___处	已处理___处	未处理□	上报□
		洞门破损	□___处	已处理___处	未处理□	上报□
		洞身破损	□___处	已处理___处	未处理□	上报□
		衬砌破损	□___处	已处理___处	未处理□	上报□
		衬砌裂缝	□___处	已处理___处	未处理□	上报□
		路面污损	□___处	已处理___处	未处理□	上报□
		排水设施淤塞	□___处	已处理___处	未处理□	上报□
		通风设施损坏	□___处	已处理___处	未处理□	上报□
		反光标志污损	□___处	已处理___处	未处理□	上报□
		其他_____	□___处	已处理___处	未处理□	上报□

续表 A

路线（桩号区间）：	日期：		天气：		记录人：	

类型		病害及处理结果				
交通安全设施	标志	缺失	□___处	已处理___处	未处理□	上报□
		污损	□___处	已处理___处	未处理□	上报□
		遮挡	□___处	已处理___处	未处理□	上报□
		其他_____	□___处	已处理___处	未处理□	上报□
	标线	缺失	□___处	已处理___处	未处理□	上报□
		污损	□___处	已处理___处	未处理□	上报□
		其他_____	□___处	已处理___处	未处理□	上报□
	护栏	缺失	□___处	已处理___处	未处理□	上报□
		变形	□___处	已处理___处	未处理□	上报□
		其他_____	□___处	已处理___处	未处理□	上报□
	警示墩（桩）	缺失	□___处	已处理___处	未处理□	上报□
		污损	□___处	已处理___处	未处理□	上报□
		遮挡	□___处	已处理___处	未处理□	上报□
		其他_____	□___处	已处理___处	未处理□	上报□
	里程碑	缺失	□___处	已处理___处	未处理□	上报□
		污损	□___处	已处理___处	未处理□	上报□
		遮挡	□___处	已处理___处	未处理□	上报□
		其他_____	□___处	已处理___处	未处理□	上报□
	百米桩	缺失	□___处	已处理___处	未处理□	上报□
		污损	□___处	已处理___处	未处理□	上报□
		遮挡	□___处	已处理___处	未处理□	上报□
		其他_____	□___处	已处理___处	未处理□	上报□
	限高限宽架	损坏	□___处	已处理___处	未处理□	上报□
		变形	□___处	已处理___处	未处理□	上报□
		其他_____	□___处	已处理___处	未处理□	上报□
	其他_____		□___处	已处理___处	未处理□	上报□
绿化		缺株、死株	□___处	已处理___处	未处理□	上报□
		其他_____	□___处	已处理___处	未处理□	上报□
突发性事件情况处置		事件描述_____ 处置方式_____				

说明：可根据管养范围内桥梁、隧道的数量，适当增减相应内容。

附录 B　里程碑及百米桩

B.0.1　里程碑、百米桩宜设置于公路前进方向整公里桩号的右侧，里程碑、百米桩的颜色应为白底黑字，正反面均应标识。里程碑示意图如图 B.0.1-1 所示，百米桩示意图如图 B.0.1-2 所示。

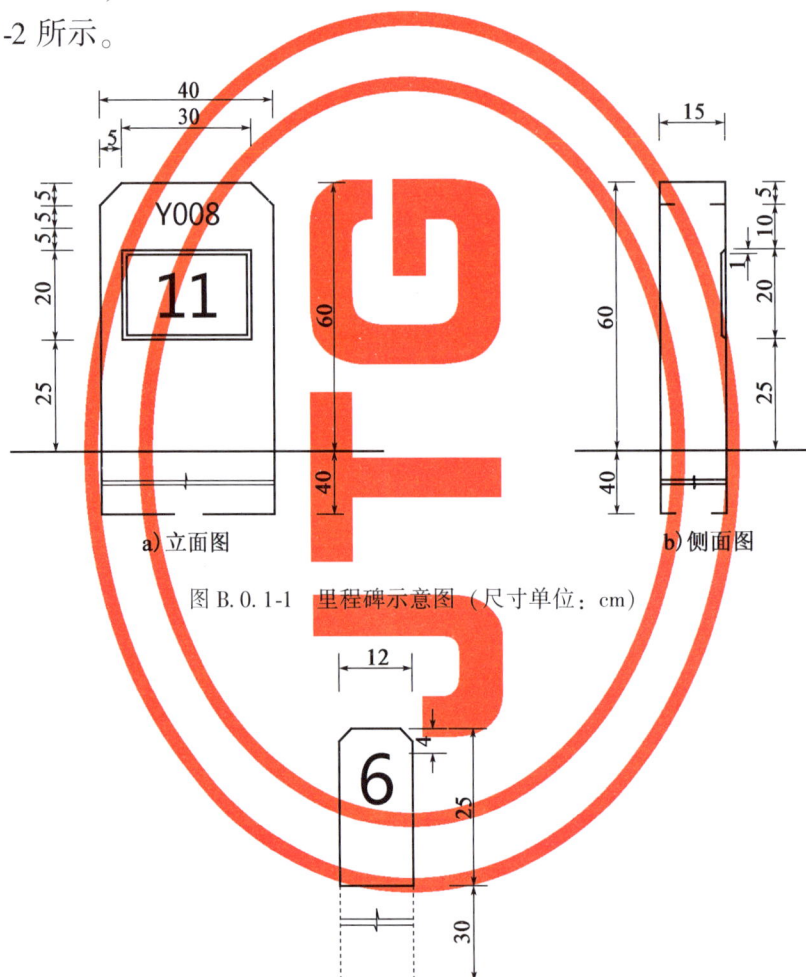

a) 立面图　　　b) 侧面图

图 B.0.1-1　里程碑示意图（尺寸单位：cm）

图 B.0.1-2　百米桩示意图（尺寸单位：cm）

B.0.2　县道编号由字母"X"和三位数字组成，编号宜在本省级行政区域内，以县（县级市）或地区（地级市）级行政区域为范围编制系列顺序号，也可按省级行政区域为范围顺序编号。

B.0.3　乡道编号由字母"Y"和三位数字组成，宜在本省级行政区域内，以县（县级市）级行政区域为范围编制顺序号，也可按地区（地级市）级或省级行政区域为范围顺序编号。

B. 0. 4 村道编号由字母"C"和三位数字组成，宜以县（县级市）级行政区域为范围顺序编号。村道的里程碑可因地制宜选择适用的材料。

本规范用词用语说明

1　本规范执行严格程度的用词，采用下列写法：

1）表示很严格，非这样做不可的用词，正面词采用"必须"，反面词采用"严禁"；

2）表示严格，在正常情况下均应这样做的用词，正面词采用"应"，反面词采用"不应"或"不得"；

3）表示允许稍有选择，在条件许可时首先应这样做的用词，正面词采用"宜"，反面词采用"不宜"；

4）表示有选择，在一定条件下可以这样做的用词，采用"可"。

2　引用标准的用语采用下列写法：

1）在标准总则中表述与相关标准的关系时，采用"除应符合本规范的规定外，尚应符合国家和行业现行有关标准的规定"。

2）在标准条文及其他规定中，当引用的标准为国家标准和行业标准时，表述为"应符合《××××××》（×××）的有关规定"。

3）当引用本标准中的其他规定时，表述为"应符合本规范第×章的有关规定"、"应符合本规范第×.×节的有关规定"、"应符合本规范第×.×.×条的有关规定"或"应按本规范第×.×.×条的有关规定执行"。